上海市工程建设规范

既有住宅小区宜居改造技术标准

Technical standard for the livable renovation of existing resident areas

DG/TJ 08—2374—2022
J 16527—2022

主编单位：上海市房地产科学研究院
批准部门：上海市住房和城乡建设管理委员会
施行日期：2022年12月1日

同济大学出版社

2023　上海

图书在版编目(CIP)数据

既有住宅小区宜居改造技术标准 / 上海市房地产科学研究院主编. —上海:同济大学出版社,2023.3
ISBN 978-7-5765-0803-1

Ⅰ. ①既… Ⅱ. ①上… Ⅲ. ①居住建筑-旧房改造-标准-上海 Ⅳ. ①TU746.3-65

中国国家版本馆 CIP 数据核字(2023)第 042501 号

既有住宅小区宜居改造技术标准
上海市房地产科学研究院　主编

责任编辑	朱　勇
助理编辑	王映晓
责任校对	徐春莲
封面设计	陈益平
出版发行	同济大学出版社　www.tongjipress.com.cn (地址:上海市四平路 1239 号　邮编:200092　电话:021-65985622)
经　　销	全国各地新华书店
印　　刷	浦江求真印务有限公司
开　　本	889mm×1194mm　1/32
印　　张	2.25
字　　数	60 000
版　　次	2023 年 3 月第 1 版
印　　次	2023 年 3 月第 1 次印刷
书　　号	ISBN 978-7-5765-0803-1
定　　价	25.00 元

本书若有印装质量问题,请向本社发行部调换　　版权所有　侵权必究

上海市住房和城乡建设管理委员会文件

沪建标定〔2021〕355 号

上海市住房和城乡建设管理委员会
关于批准《既有住宅小区宜居改造技术标准》
为上海市工程建设规范的通知

各有关单位：

　　由上海市房地产科学研究院主编的《既有住宅小区宜居改造技术标准》，经我委审核，现批准为上海市工程建设规范，统一编号为 DG/TJ 08—2374—2022，自 2022 年 12 月 1 日起实施。

　　本标准由上海市住房和城乡建设管理委员会负责管理，上海市房地产科学研究院负责解释。

上海市住房和城乡建设管理委员会
2022 年 8 月 3 日

前 言

根据上海市住房和城乡建设管理委员会《关于印发〈2019年上海市工程建设规范、建筑标准设计编制计划〉的通知》（沪建标定〔2018〕753号）的要求，上海市房地产科学研究院会同有关单位，经调查研究，认真总结实践经验，在广泛征求意见的基础上，制定了本标准。

本标准的主要内容有：总则；术语；基本规定；建筑改造；小区环境改造；小区内部设备设施改造；智慧社区设施改造；施工与验收。

各单位及相关人员在执行本标准过程中，如有意见和建议，请反馈至上海市房屋管理局（地址：上海市世博村路300号；邮编：200125），上海市房地产科学研究院（地址：上海市复兴西路193号；邮编：200031；E-mail:fkyfgs193@163.com），上海市建筑建材业市场管理总站（地址：上海市小木桥路683号；邮编：200032；E-mail:shgcbz@163.com），以供今后修订时参考。

主编单位：上海市房地产科学研究院

参编单位：上海市住宅修缮工程质量事务中心
上海房科建筑设计有限公司
上海建工四建集团有限公司
上海海珠工程设计集团有限公司
申都设计集团有限公司
上海市房屋建筑设计院有限公司
上海南房（集团）有限公司
上海朕昕实业有限公司
苏州市月星建筑防水材料有限公司

主要起草人：王金强　刘群星　潘　翔　林　华　张　习
　　　　　　王　亮　刘圣凯　殷惠君　王伟茂　陈雪峡
　　　　　　蔡观生　白　凡　严悦文　李岩春　鲍　逸
　　　　　　黄　震　郭元清　吴中辉　暴智浩　杨红旗
　　　　　　肖申涛
主要审查人：许一凡　宗丹恒　陈立民　林　巍　江传胜
　　　　　　张　懿　陶斌荣

上海市建筑建材业市场管理总站

目 次

1 总 则 ·· 1
2 术 语 ·· 2
3 基本规定 ·· 3
4 建筑改造 ·· 4
   4.1 一般规定 ·· 4
   4.2 屋 面 ·· 4
   4.3 外立面 ·· 5
   4.4 室内公共部位 ·· 6
   4.5 单元楼门 ·· 6
5 小区环境改造 ·· 8
   5.1 一般规定 ·· 8
   5.2 小区围墙、出入口 ··· 8
   5.3 道 路 ·· 9
   5.4 停车位(机动车、非机动车) ······································· 10
   5.5 景观绿化 ·· 11
   5.6 健身活动场地及设施 ··· 11
   5.7 晾晒场地及设施 ··· 12
   5.8 垃圾房 ·· 12
6 小区内部设备设施改造 ··· 13
   6.1 一般规定 ·· 13
   6.2 给排水设施 ··· 13
   6.3 消防设施 ·· 14
   6.4 公共部位照明设备 ·· 15
   6.5 室外电气设备 ·· 15

	6.6 加装电梯	16
	6.7 架空线入地工程	16
7	智慧社区设施改造	18
	7.1 一般规定	18
	7.2 电子围栏	18
	7.3 小区监控系统	19
	7.4 门禁系统	19
	7.5 小区出入口道闸	20
	7.6 智能显示屏	20
	7.7 新能源汽车充电设施	21
	7.8 智能物流柜	21
8	施工与验收	23
	8.1 工程施工	23
	8.2 工程验收	24
附录 A	既有住宅小区宜居改造项目分类表	25
本标准用词说明		28
引用标准名录		29
条文说明		33

Contents

1 General provisions ··· 1
2 Terms ·· 2
3 Basic regulations ··· 3
4 Livable renovation of building ································· 4
    4.1 General regulations ··· 4
    4.2 Roof ··· 4
    4.3 Building facades ·· 5
    4.4 Interior public area ··· 6
    4.5 Entrance of apartment ··································· 6
5 Environment renovation of residential area ········· 8
    5.1 General regulations ··· 8
    5.2 Wall and entrance ·· 8
    5.3 Roads ·· 9
    5.4 Parking area (vehicle, non-vehicle) ············ 10
    5.5 Landscape ·· 11
    5.6 Outdoor fitness area and equipment ·········· 11
    5.7 Area for drying clothes ································· 12
    5.8 Garbage chamber ··· 12
6 Facilities and equipment renovation of the residential area ··· 13
    6.1 General regulations ··· 13
    6.2 Water supply and sewerage equipment ··············· 13
    6.3 Fire prevention facilities ································ 14
    6.4 Lighting in public area ·································· 15

6.5	Outdoor electrical equipment	15
6.6	Additional elevator	16
6.7	Overhead lines undergroudization	16

7 Equipment renovation for smart community 18
    7.1 General regulations 18
    7.2 Electronic fence 18
    7.3 Monitoring system 19
    7.4 Access control systems 19
    7.5 Barrier gate of entrance 20
    7.6 Intelligent display screen 20
    7.7 Charging facilities of new energy vehicles 21
    7.8 Smart parcel locker 21

8 Construction and acceptance 23
    8.1 Construction 23
    8.2 Acceptance 24

Appendix A List of existing resident areas livable renovation project 25

Explanation of wording in this standard 28

List of quoted standards 29

Explanation of provisions 33

1 总　则

1.0.1 为了在既有住宅小区的宜居改造工程中贯彻国家和本市技术经济政策，明确改造目标及内容，统一改造标准，保证改造效果与工程质量，改善提升既有住宅小区居住环境和功能品质，制定本标准。

1.0.2 本标准适用于本市行政区划范围内既有住宅小区的宜居改造工程的设计、施工与验收项目。

1.0.3 既有住宅小区的宜居改造工程除应执行本标准外，尚应符合国家、行业和本市现行有关标准的规定。

2 术　语

2.0.1 宜居改造　livable renovation

在既有住宅小区改造中，以提升住宅小区品质，完善使用功能，改善人居环境，提高居住环境的安全性、舒适性、便利性和适老性为目的的改造工程。

2.0.2 适老化改造　elderly-oriented renovation

以满足老年人安全、舒适、便利、健康等需求为目的，对既有住宅及其小区环境进行的改造。

2.0.3 无障碍设计　accessibility design

为方便残疾人、老年人、病人等安全通行而进行的各类工程设计。

2.0.4 二次供水设施改造　secondary water supply facilities renovation

对保障居民正常生活用水而设置的水池（箱）及附属管道、阀门、水泵机组、气压罐、电控设备等设施进行的改造。

2.0.5 缆线型管廊　cable trench

设有可开启盖板，用于容纳电力电缆和通信线缆的管廊，一般采用浅埋沟道方式建设。

2.0.6 脉冲式电子围栏　pulse electronic fence

设于围墙上方，通过发送高压脉冲信号探测非法逾越的数字智能化入侵报警系统。

2.0.7 张力式电子围栏　tension electronic fence

设于围墙上方，采用张力探测技术防止非法逾越的数字智能化入侵报警系统。

3 基本规定

3.0.1 应遵循以人为本、安全经济、美观实用、节能环保、尊重历史的原则,从居民实际需求出发,逐步营造安全、舒适、便利、适老的居住环境。

3.0.2 应充分考虑工程材料、施工过程、后期使用、维护保养等方面的安全因素,保障相关人员的安全与健康。

3.0.3 应结合城市、区域和小区规划,统一考虑、分专业实施,同时建立全生命周期理念,优化改造项目的整体寿命,综合提高住宅小区的宜居性能。

3.0.4 应以住宅小区的实际情况为基础,综合考虑住宅小区建造年代、居民年龄结构等因素,因地制宜、集约改造,改造的项目应具有可实施性。

3.0.5 既有住宅小区实施综合改造前,应对住宅小区公共区域和房屋建筑本体现状进行安全评估,必要时应委托相关检测单位进行检测。

3.0.6 在确保施工质量和安全的前提下,宜采用新技术、新材料、新工艺和新设备。

3.0.7 施工材料、成品与半成品应有合格证、检验报告、质量保证书等证明材料,并应根据相关要求进行进场检验测试。

3.0.8 应充分利用智能化信息技术手段,一网多用,统筹改进公共服务质量。

3.0.9 应完善建筑、小区道路、绿地、停车场(库)和配套公共设施等范围的无障碍设施。无障碍设计应符合现行国家标准《无障碍设计规范》GB 50763 的相关要求。

3.0.10 应充分考虑老年人的使用需求,对住宅小区公共区域进行适老化改造,提高居住环境的适老性。

4 建筑改造

4.1 一般规定

4.1.1 文物建筑、优秀历史建筑及其他有特殊保护要求的建筑的宜居改造，应按国家和本市现行有关法律、法规和标准的要求执行。

4.1.2 建筑宜居改造工程实施前，应对建筑屋面、外立面、室内公共部位、附加设施等进行全面查勘和分析评估。

4.1.3 建筑的宜居改造应保持原有建筑功能，确保主体结构安全，防止结构构件损伤，不得随意改动原有承重结构构件。

4.1.4 建筑宜居改造的设计和实施应符合现行行业标准《民用建筑修缮工程查勘与设计标准》JGJ 117 和现行上海市工程建设规范《房屋修缮工程技术规程》DG/TJ 08—207 的有关规定。

4.2 屋 面

4.2.1 屋面应结合城市更新或城市规划的要求进行改造，屋面形式应与整体风貌相协调。改造过程中增加屋面荷载的，应进行结构验算，必要时应对原有结构进行安全检测。

4.2.2 原屋面如有漏水、渗水等状况，应对屋面进行修缮。渗水严重时，应对屋面进行整体翻新，同时结合建筑立面风貌，对屋脊、泛水、天沟及附属设施进行改造。

4.2.3 当屋面保温不能满足节能要求时，宜对屋面进行保温改造，重新铺设保温层。屋面保温改造应符合下列要求：

    1 相关技术措施应符合现行国家标准《屋面工程技术规范》

GB 50345 的有关规定。

2 新铺设的屋面保温材料应满足防火要求,并达到相应的节能标准。

3 应与屋面防水改造相结合。

4.2.4 屋面改造时,应对建筑物原有防雷设施进行检测,并根据检测结果进行防雷设施的维修与改造,改造后的防雷设施应满足现行国家标准《建筑物防雷设计规范》GB 50057 的相关要求。

4.2.5 原平屋面在有条件的情况下,宜进行屋面平改坡工程。屋面平改坡内容的实施,应符合现行上海市工程建设规范《多层住宅平屋面改坡屋面工程技术规程》DG/TJ 08—023 的相关要求,并应对原有屋面天沟、落水管位置重新进行整体设计,充分考虑与原排水系统的对接。

4.2.6 在屋面荷载、防水性能、空间条件允许时,宜进行屋顶花园和立体绿化改造。改造时应按现行行业标准《种植屋面工程技术规程》JGJ 155 的相关要求,结合屋面荷载确定改造方案。

4.2.7 屋面改造宜结合太阳能热水器和太阳能光伏设施进行统一设计、混合安装,采用一体化改造方式替代传统分散改造方式。

4.3 外立面

4.3.1 外立面改造设计前,应对附属设施、附加设施进行安全隐患检查,并对存在的安全隐患进行及时处置。

4.3.2 外立面改造设计应按现行上海市工程建设规范《既有建筑外立面整治设计标准》DG/TJ 08—2146 的相关规定执行。

4.3.3 当外立面存在空鼓、起壳、开裂、渗漏等情况时,应进行修缮。修缮后的外立面风格应与周边建筑和景观风貌相协调。

4.3.4 应对敷设于建筑外墙的通信及有线广播电视等线路进行综合统筹改造,必要时可进行管线入地改造。

4.3.5 外立面附加设施宜结合外立面改造统一设计,并应与建筑立面风貌相协调。

4.3.6 原有门窗不满足节能、隔声降噪等要求时,宜结合外立面改造统一更新。

4.4 室内公共部位

4.4.1 应消除室内公共部位构件、设施、设备的安全隐患,满足其使用功能,保证正常使用期限。

4.4.2 当室内公共部位墙面和顶面存在空鼓、起壳、开裂、脱落等情况时,应进行修缮。室内公共部位墙面、顶面应平整洁净,饰面颜色宜以浅色、亮色为主,侧墙宜做耐污墙裙。

4.4.3 应对室内公共部位损坏的楼面、地面进行修缮,并应按实际损坏情况确定修缮方式。

4.4.4 应整修或更换破损的公共楼梯踏步和扶手,踏步和扶手应安全稳固、构件完备、外观整洁。扶手宜选用导热系数小的木质或塑料等材料。

4.4.5 应对室内公共部位进行无障碍设计,无障碍设计应充分体现适老需求。改造的范围主要包括住宅单元出入口、通道及走廊、楼梯间、电梯及电梯厅。

4.4.6 室内公共部位损坏的照明灯具应进行修缮或更换。照明系统宜采用节能设计,宜采用环保节能、感应式灯具。

4.4.7 室内公共部位电气线路的改造应符合现行国家标准《民用建筑电气设计标准》GB 51348 的相关规定。

4.5 单元楼门

4.5.1 应对污损的单元门头进行修缮,损毁程度严重的宜做整体翻新。

4.5.2 缺少单元防盗门或现有单元门及配件破损严重的,应更换或修缮。改造后,单元门应安装牢固、安全,开合方便顺畅,外观简洁大方,色彩、材质协调统一。单元门宜与安防、照明设备联动,与无障碍坡道、扶手衔接。

4.5.3 建筑出入口与室外地面之间宜增设无障碍坡道及扶手,无障碍设计应符合现行国家标准《无障碍设计规范》GB 50763的相关要求。

4.5.4 信报箱的维修改造应符合现行国家标准《住宅信报箱工程技术规范》GB 50631等相关标准的规定。

5 小区环境改造

5.1 一般规定

5.1.1 小区环境改造设计应与相邻居住区的整体更新规划相适应,进行统筹规划布局。

5.1.2 小区环境改造时应综合考虑日照、采光、通风、防灾、消防、配套设施及管理要求。环境改造后应满足居民安全使用的要求。

5.1.3 小区内道路、停车场地、公共活动场地的改造,在符合使用功能要求的前提下,宜采用透水铺装。透水铺装应符合现行行业标准《透水砖路面技术规程》CJJ/T 188、《透水沥青路面技术规程》CJJ/T 190 和《透水水泥混凝土路面技术规程》CJJ/T 135 的规定。

5.1.4 小区环境改造时不应减少原有绿地率指标。

5.1.5 小区环境改造时宜更新或新设标识系统,主要包括道路交通指示、楼宇指示和无障碍标识等。

5.1.6 小区环境改造时应进行无障碍设计,无障碍设计宜充分体现适老需求。改造范围主要包括道路、停车位、景观绿化、公共活动场地、照明系统和标识系统等。

5.2 小区围墙、出入口

5.2.1 小区围墙应通过修缮或拆除重建的方式来满足安全使用的要求。

5.2.2 新做或修缮围墙时,应结合小区内外风貌进行整体设计,尺度应与周边建筑相协调,宜通过重新粉刷或设置文化墙等手段实现景观的优化提升。

5.2.3 小区围墙宜采用通透性较强的栏杆或植物墙,增加透绿性。

5.2.4 小区出入口应满足功能要求,保证人员和车辆的通行便利和安全。原人车混行的出入口宜进行人车分流改造。

5.2.5 小区出入口及大门应体量适宜、简洁美观,造型、色彩应与小区内外风貌特征相协调。

5.2.6 小区主出入口位置宜预留公共卫生需要的红外体温检测系统设备接口和通道场地。

5.2.7 小区出入口及围墙宜设置夜景照明系统,照明设计应保证亮度适宜,避免光污染。

5.2.8 小区出入口原有门卫室宜进行改造或修缮。门卫室外立面宜结合出入口改造整体设计,并应对室内墙面、顶面、地面破损处进行修缮或整体翻新。

5.3 道 路

5.3.1 小区道路改造时,应清除侵占消防通道、生命通道和消防登高场地的障碍物,保障消防通道、生命通道的畅通和消防登高场地救援。小区未设置消防通道的,应根据小区情况,优化调整小区出入口宽度、小区内道路宽度和道路转弯半径。

5.3.2 应对小区道路破损、开裂、坑洼的部分进行修缮,同时修缮侧石、台阶、坡道等部位,并宜结合小区下水道更换工程或雨污分流工程进行翻修。道路坡度应符合现行国家标准《民用建筑设计统一标准》GB 50352 的相关要求。

5.3.3 小区道路改造材料应符合现行国家标准《城市绿地设计规范》GB 50420 和现行行业标准《城市道路工程设计规范》CJJ 37 的相关要求,宜选用透水材料。

5.3.4 小区内部交通道路系统宜重新进行梳理,优化路网结构,打通断头路,减少交通瓶颈。宜通过设定小区出入口进出方向、车辆行驶方向以及限定道路的左右转方向等手段优化小区内部道路的循环。

5.3.5 当小区道路宽度满足改造条件时,宜设置单独的步行系统,并保证无障碍通行。

5.3.6 小区道路应完善交通标志和标线设置,重点标识消防通道、生命通道和消防登高场地。

5.3.7 小区道路改造时,应对小区道路照明系统进行同步改造,并应采取措施,防止对住宅主要房间造成光污染。

5.4 停车位(机动车、非机动车)

5.4.1 停车位改造前应对小区机动车保有量做出统计。停车位设计应根据小区实际情况进行规划,保证小区内部有序停车,并应尽可能通过合理规划增加停车位。有条件的小区宜设置智能停车系统。

5.4.2 小区内部机动车停车位的规划设置应保证停车的便利性,不应影响小区内部的交通出行,不得占用消防通道和生命通道。

5.4.3 小区内部宜划定路边停车范围。对影响交通出行、消防救援的区域,应通过铺装变化、标线、路缘石颜色等提示禁停区。

5.4.4 小区内宜设置无障碍专用停车位,并与无障碍设施衔接。

5.4.5 小区内部的非机动车停车位宜采用小规模、分散均衡、服务半径小的方式进行规划布置。非机动车停车位的设置不应占用消防通道和生命通道。

5.4.6 小区内宜增加电动自行车充电设施,并应增加相应的消防设施,电动自行车充电设施应符合现行上海市工程建设规范《低压用户配电装置规程》DG/TJ 08—100 的相关规定。

5.5 景观绿化

5.5.1 应拆除占绿、毁绿的违章建(构)筑物,恢复违规侵占的绿地空间。

5.5.2 应对影响通风、采光及安全的树木进行修剪。

5.5.3 应优化绿化结构,并遵循适用、美观、经济、安全的原则,选择适应性强、容易打理的植物种类,并根据不同植物的观赏特性,合理配置植物,形成良好的四季景观。

5.5.4 补充种植的植物不应影响原有绿化植物的生长。

5.5.5 应对小区原有的公共绿地进行整治或翻新。

5.5.6 公共绿地改造时,应提高绿化空间的使用效率,应设置游憩道路和休息空间,并应布置休闲座椅。

5.5.7 公共绿地改造时,应对小区内原有的花架、凉亭进行修缮,对原有的广场铺地进行翻新,并宜增设凉亭、花架等景观小品设施,设施占地面积不宜过大。新增的景观小品设施应尺度适宜,满足居民休闲使用需求与安全使用要求。

5.5.8 宜结合小区的实际情况,在小区围墙、构筑物、公共建筑等有条件的地方增加立体绿化。

5.5.9 应结合小区的实际情况,采用植草沟、雨水花园、下凹式绿地、渗透管渠等技术手段,推动海绵城市改造的发展。

5.6 健身活动场地及设施

5.6.1 应充分考虑小区居民休闲健身的需求,结合居民年龄结构设计健身场地,布置相应健身设施。应对原有健身设施场地的地坪、座椅、凉亭等进行修缮。

5.6.2 在小区内宜合理增设健身场地,场地宜分布均匀,减少居民到达场地的步行距离,并应避免活动噪声对周围居民的影响。

5.6.3 新增健身场地周围应布置休息区,休息区宜设置遮阳设施和座椅。

5.6.4 健身场地及儿童活动场地的地坪铺装应选择坚实、防滑、防摔和透水的材料。健身设施应能保证使用者的安全,并应设置明显的使用说明和警示标识。儿童活动场地应保证良好的视野。

5.6.5 有条件的小区宜设置独立的健身步道,步道铺装应选择坚实、防滑和透水的材料,并宜连接健身活动场地。

5.7 晾晒场地及设施

5.7.1 应对小区内原有的晾晒场地进行修缮,地面铺装宜进行翻新,晾衣杆宜在除锈后重新油漆或整体更换。

5.7.2 原有位置不合理的晾晒场地应重新规划位置。新增场地及设施不应影响居民的正常生活,同时应满足通风和日照的要求。

5.8 垃圾房

5.8.1 垃圾房的改造应符合现行行业标准《环境卫生设施设置标准》CJJ 27 和《城市生活垃圾分类及其评价标准》CJJ/T 102 的相关规定,并应按照本市垃圾分类的要求设置垃圾分类收集设施。

5.8.2 小区内新增垃圾房时应合理规划其位置,应满足使用及垃圾清运的要求,同时不应影响居民的正常生活和景观环境。

5.8.3 应对原有垃圾房的外墙及大门进行修缮。不满足垃圾分类要求的垃圾房应扩建或翻建,也可选择定制成品垃圾房。

5.8.4 垃圾房改造时宜对垃圾房的立面进行美化。

5.8.5 垃圾房应设有便于清洗的设施。

5.8.6 小区内建筑垃圾堆放点外围应设置围护设施。

6 小区内部设备设施改造

6.1 一般规定

6.1.1 应结合建筑单元类型分类和内部具体情况，提出单体建筑和房屋单元设备设施的设计方案。

6.1.2 应消除设备设施的安全隐患，满足其使用功能，确保设备设施安全运行。

6.1.3 小区内部给排水、消防设施及公共部位照明、室外电气设备等改造时，以及既有多层住宅加装电梯时，应考虑适老宜居的理念与需求。

6.2 给排水设施

6.2.1 给排水设施的修缮或改造应符合现行国家标准《建筑给水排水设计标准》GB 50015、《室外排水设计标准》GB 50014 以及现行上海市工程建设规范《房屋修缮工程技术规程》DG/TJ 08—207 的相关要求。

6.2.2 室外排水改造中小区生活排水与雨水排水系统应采用分流制。室内排水宜采用污废分流制，厨房废水宜单独设置排水管。

6.2.3 住宅小区截污纳管工程后纳入城镇污水管道的污水应符合现行国家标准《污水排入城镇下水道水质标准》GB/T 31962 的规定，雨水可排入河道或城镇雨水管道。

6.2.4 二次供水设施改造应遵循安全、卫生、节能、环保的原则，并应符合现行上海市工程建设规范《住宅二次供水设计标准》

DG/TJ 08—2065 的相关要求。

6.2.5 二次供水设施改造设计水量应包括居民生活用水和居住小区公共建筑用水，应符合现行国家标准《建筑给水排水设计标准》GB 50015 和现行上海市工程建设规范《住宅设计标准》DGJ 08—20 的相关规定。

6.2.6 二次供水设施改造设计应明确楼道内与室外明敷的给水管道及阀门、水表及表箱、贮水池、屋顶水箱等部位的防冻保温措施。保温材料应符合现行国家标准《建筑材料及制品燃烧性能分级》GB 8624 的相关要求。

6.3 消防设施

6.3.1 既有建筑消防设施改造应符合现行国家标准《建筑设计防火规范》GB 50016 的相关规定。

6.3.2 应检查小区给水系统和建筑公共部位的消防设施，对存在问题的消防设施进行维修或更换，保证其完好、有效。建筑公共部位未设置消防设施的，应按现行国家标准《建筑设计防火规范》GB 50016 的要求增设相应的消防设施。

6.3.3 消防通道划分应结合小区道路改造实施，场地部署确有难度的，宜结合小区情况加装消防空管，并合理布置简易消防栓和应急水源输入点。

6.3.4 公共部位宜设置自动喷淋灭火系统，自动喷淋灭火系统应符合现行国家标准《自动喷水灭火系统设计规范》GB 50084 的相关规定。

6.3.5 消防应急照明、疏散指示标志、楼层指示标志的设置应符合现行国家标准《建筑设计防火规范》GB 50016、《消防安全标志 第 1 部分：标志》GB 13495.1 和《消防应急照明和疏散指示系统技术标准》GB 51309 的规定。

6.3.6 小区宜加强消防智能化建设，设置烟感报警系统。

6.4 公共部位照明设备

6.4.1 应对公共部位照明系统的电气安全进行检查,并应对存在安全隐患的照明系统及设备进行改造。

6.4.2 应采用高效节能的照明设备。照明设备应符合现行国家标准《建筑照明设计标准》GB 50034、《住宅设计规范》GB 50096 和现行上海市工程建设规范《居住建筑节能设计标准》DGJ 08—205 的相关规定,照明功率密度应按现行国家标准《建筑照明设计标准》GB 50034 规定的目标值执行。

6.4.3 小区公共部位照明设备改造除常规的路灯照明设施以外,应在道路的坡道、转弯、台阶处和公共活动场地设置室外照明设施,老年人经常活动场所宜适当提高照度,照明灯光优先选用柔和漫射的光源,并采取遮光与控光措施。

6.4.4 公共部位照明应根据各场所的功能要求、作息差异、天然采光等因素,采取分区、定时、感应等照明节能控制措施。

6.4.5 庭院灯、草坪灯和无障碍设施周边灯具的设置应符合现行国家标准《建筑照明设计标准》GB 50034 和现行行业标准《住宅建筑电气设计规范》JGJ 242 的相关规定,并宜采用太阳能灯具。

6.4.6 潮湿场所的照明设备改造,应采用特低电压配电,特低电压设计应符合现行国家标准《民用建筑电气设计标准》GB 51348 的相关规定。

6.4.7 公共部位照明改造可结合架空线入地改造,实施合杆工程。

6.5 室外电气设备

6.5.1 室外电缆改造敷设时,应符合现行行业标准《住宅建筑电气设计规范》JGJ 242 的相关规定。

6.5.2 住宅建筑物的防雷改造应符合现行国家标准《建筑物防雷设计规范》GB 50057 的相关规定,接闪网、接闪带、接闪器、专用引下线和接地装置均应满足该类建筑物的防雷措施要求。

6.5.3 配电箱的设置应符合现行国家标准《低压配电设计规范》GB 50054 的要求。室外配电箱应采用专用防水配电箱,配电箱的箱门应有牢固可靠的锁定装置。

6.6 加装电梯

6.6.1 既有多层住宅加装电梯工程应符合现行上海市工程建设规范《既有多层住宅加装电梯技术标准》DG/TJ 08—2381 的相关要求。

6.6.2 应根据既有住宅小区的整体环境、建筑条件、结构类型、使用状况及居民需求等,制订适宜的加装电梯方案,方案宜充分考虑无障碍通行的问题。

6.6.3 加装电梯的规划设计应在充分考虑绿化、出入口等因素后优化平面选址,减少对居住环境的影响。

6.6.4 同一小区(或组团)加装电梯宜统一风格,加装电梯新增建筑物立面风格应与既有住宅小区环境相协调。

6.6.5 加装电梯选型应经济合理,同一小区的电梯设备型号、安防系统等宜一致,并应符合现行上海市地方标准《既有多层住宅加装电梯安全技术要求》DB31/T 1298 的相关规定。

6.7 架空线入地工程

6.7.1 架空线入地工程设计应符合现行国家标准《通信管道与通道工程设计标准》GB 50373 和《电力工程电缆设计标准》GB 50217 的相关要求,涉及优秀历史建筑的,还应符合现行上海市工程建设规范《优秀历史建筑保护修缮技术规程》DG/TJ 08—108 的相关要求。

6.7.2 架空线入地工程应集约利用地上和地下空间资源。

6.7.3 架空线入地工程宜与城区架空线入地相结合,应建设缆线型管廊。

7 智慧社区设施改造

7.1 一般规定

7.1.1 既有住宅小区改造时,宜根据实际情况配置相关智慧社区设施,包括电子围栏、小区监控系统、门禁对讲系统、小区出入口道闸、智能显示屏、新能源汽车充电设施和智能物流柜等。

7.1.2 既有住宅小区改造时,宜建立或引进智慧社区信息化平台,结合智慧社区设施将物业管理、业主服务、社会服务资源和区域经济信息通过平台融为一体,进行全方位整合和充分利用。

7.2 电子围栏

7.2.1 电子围栏应符合现行国家标准《安全防范工程技术标准》GB 50348 的相关规定。

7.2.2 电子围栏前端探测围栏处应设置防止触电的醒目警示牌,警示牌间距不宜大于 10 m。

7.2.3 电子围栏可选用脉冲式电子围栏或张力式电子围栏。小区实体围墙高度超过 2 m 时,宜选用脉冲式电子围栏;高度较低的实体围墙或通透栏杆围墙,宜选用张力式电子围栏。

7.2.4 脉冲式电子围栏的设置应符合现行国家标准《脉冲电子围栏及其安装和安全运行》GB/T 7946 的相关要求。张力式电子围栏应符合现行行业标准《张力式电子围栏通用技术要求》GA/T 1032 的相关要求。

7.3 小区监控系统

7.3.1 小区监控系统应符合现行国家标准《民用闭路监视电视系统工程技术规范》GB 50198 的相关规定。

7.3.2 小区监控系统应具备断电续航功能,续航时间不宜小于 1 d。

7.3.3 小区监控系统的设置、运行、故障等信息的保存时间应大于 30 d。

7.3.4 小区监控系统应具有视频丢失检测报警和系统自诊断功能以及报警联动功能,并宜与"上海安全技术防范监督管理平台"联网。

7.3.5 小区监控系统应进行优化,摄像机应合理布置,监控盲区宜增设摄像机。摄像机应安装牢固、不易触碰,并应防雨、防雷、耐高温。摄像机宜内置拾音器并可远程智能控制,宜选用夜视效果佳的高清彩色摄像机。

7.4 门禁系统

7.4.1 门禁系统的技术要求应符合现行国家标准《楼寓对讲系统》GB/T 31070 和《安全防范工程技术标准》GB 50348 的相关规定。

7.4.2 单元防盗门应配置门禁系统,达到单元住户封闭式自防的要求。

7.4.3 门禁系统应满足安全可靠、经济有效、集中管理的要求,优先选择耐用和兼容性高的产品类型。

7.4.4 单元入口门禁系统宜采用刷卡开锁及门铃电话机对讲方式;条件允许时,可采用人脸识别及可视对讲方式,由物业统一管理。

7.4.5 单元入口门禁系统若采用刷卡开锁方式,宜采用"一卡通"模式。

7.4.6 单元入口门禁系统应独立设计,其工作状态和报警信号宜传至小区管理(或监控)中心。

7.5 小区出入口道闸

7.5.1 小区人行出入口道闸应符合现行行业标准《人行出入口电控通道闸通用技术要求》GA/T 1260 的相关规定。

7.5.2 小区出入口道闸的设置应满足消防通道要求,不得设置影响消防车通行的道闸。

7.5.3 小区出入口宜结合人车分流改造,配置车行道闸及人行道闸。

7.5.4 车行道闸宜配置车牌自动识别系统,实现智能化管理。

7.5.5 人行道闸进出方式宜采用刷卡准入方式或人脸识别方式。

7.5.6 小区出入口道闸应安装牢固,拦挡部分应采用不易破碎且不易伤人的材料和形式。

7.5.7 小区出入口道闸设备应在断电或发生故障后处于无拦挡状态。

7.6 智能显示屏

7.6.1 小区宜设置室外宣传显示屏,显示屏宜选用全彩智能显示屏,并具备显示图文及播放视频的功能。

7.6.2 智能显示屏安装方式应为墙装或支架独立安装,安装应牢固,并应具备防水、防潮功能。

7.6.3 智能显示屏尺寸不宜小于 110 in,观看距离不宜低于 P4 级(即 4 m 内可清晰观看)。

7.6.4 智能显示屏显示面积大于 10 m² 时，安装应符合现行上海市工程建设规范《户外发光二级管(LED)显示屏安装技术规程》DG/TJ 08—2076 的相关规定。

7.7 新能源汽车充电设施

7.7.1 新能源汽车充电设施应符合现行国家标准《电动汽车传导充电系统 第 1 部分：通用要求》GB/T 18487.1 的相关规定。增设新能源汽车充电设施前，应对小区内的供电容量进行复核，负荷计算按现行国家标准《居民住宅小区电力配置规范》GB/T 36040 的相关规定执行。

7.7.2 小区宜选取合适的位置设置新能源汽车充电桩。充电桩的设置宜实行"一位一桩"。

7.7.3 充电桩电气设备的布置应遵循安全、可靠、适用的原则，并应便于安装、操作、搬运、检修和试验。

7.7.4 小区充电桩应结合实际情况，采用壁挂式或落地式进行安装，并应满足防水要求。

7.8 智能物流柜

7.8.1 智能物流柜的设置应符合现行行业标准《智能快件箱设置规范》YZ/T 0150 的相关规定。

7.8.2 智能物流柜宜设置在小区出入口或物业管理处，大型小区宜选取合适的位置多点设置智能物流柜。

7.8.3 智能物流柜的设置不应影响住宅小区建筑的采光和通风，不应妨碍车辆和人员的正常通行，不应影响消防设施和安全疏散通道。

7.8.4 智能物流柜应安装牢固，前端应留有不小于 1.2 m 的投取空间，宜具有照明、防火、遮雨等设施。

7.8.5 智能物流柜宜与无障碍坡道连接,宜对其进行 24 h 监控。

7.8.6 智能物流柜应配有不间断电源,其持续供电时间不应小于 10 min。

8 施工与验收

8.1 工程施工

8.1.1 宜居改造工程施工前,应根据查勘设计资料编制施工组织设计及专项施工方案,并组织进行技术交底。

8.1.2 宜居改造工程施工应统一组织实施,合理安排专业施工顺序。

8.1.3 施工全过程应有可靠的施工安全措施,保障周边居民和施工人员的人身和财产安全,同时消除安全隐患。

8.1.4 施工现场宜采取下列文明施工措施:

1 施工交通宜与居民日常出行进行分流,道路施工宜建立安全通道。

2 应有明显的区域界定标识,指定行人和车辆进出路口与路径,并悬挂醒目的安全标志或警示标志。

3 洞、坑、沟、升降口、漏斗等危险处,应有防护设施和警示标志。

4 宜合理安排施工作业时段,避免夜间施工。

5 应按现行国家标准《建筑施工场界环境噪声排放标准》GB 12523 的相关要求,严格控制施工现场噪声,并制定相应的降噪制度和措施。

6 堆放的各类材料应分别按规定的区域或位置实施分类堆放,保障行人通道和消防通道路面平整、畅通。

7 在小区主要通道、重要节点处施工时,宜采取装配、拼装的快速施工方式,减少占地围挡对居民生活的影响。

8.1.5 施工现场宜采取下列环境保护措施：
    1 应节约施工用水，采取洒水、覆盖、遮挡等降尘措施。
    2 应加强对废水、污水排放的管理。
    3 建筑垃圾应集中、分类堆放，并及时清运。
    4 对小区已有绿化应采取保护措施。

8.2 工程验收

8.2.1 工程验收时，各分部、分项工程和检验批的划分、验收应按国家现行相关标准执行，隐蔽工程验收合格后方可进入下一施工工序。

8.2.2 设备材料进场验收和复验应满足国家现行相关标准的要求。

8.2.3 设备设施改造后，应组织各专业单位和管理部门进行分专业验收。

8.2.4 宜居改造工程完成后，应组织各参建单位、物业、居委、业委会和相关管理部门进行综合竣工验收。

8.2.5 宜居改造工程的验收工作应按现行上海市工程建设规范《住宅修缮工程施工质量验收规程》DG/TJ 08—226 的相关规定执行，涉及安全性能提升、节能改造的项目，应按国家现行相关标准的规定重点验收。

8.2.6 应详尽收集并保管改造工程各环节的资料，建立、健全项目档案，相关档案资料应妥善保管。

附录 A 既有住宅小区宜居改造项目分类表

表 A 既有住宅小区宜居改造项目分类表

项目分类	子分类	实施内容
建筑改造	屋面	屋面防水、保温改造
		平改坡改造
		屋顶绿化改造
	外立面	外立面更新
		管道改造
		附属设施改造
		门窗节能改造
	室内公共部位	墙面、顶面、地面改造
		无障碍设施、适老设施改造
		照明设备改造
		线缆改造
	单元楼门	单元门头改造
		单元防盗门改造
		无障碍设施改造
		信报箱改造
小区环境改造	小区围墙、出入口	围墙、栅栏、大门改造
		出入口交通流线改造
		门卫室改造
	道路	消防通道和生命通道改造
		路网结构改造
		步行系统改造

续表A

项目分类	子分类	实施内容
小区环境改造	停车位（机动车、非机动车）	停车区域规划
		新能源汽车停车位改造
		电动自行车充电设施改造
		智慧停车系统改造
	景观绿化	绿化结构改造
		公共绿地改造
		垂直绿化改造
		绿地海绵化改造
	健身活动场地及设施	健身活动场地改造
		健身设施改造
		儿童活动场地改造
		健身步道系统改造
	晾晒场地及设施	晾晒场地改造
		晾晒设施改造
	垃圾房	垃圾房改造
		建筑垃圾堆放点改造
小区内部设备设施改造	给排水设施	二次供水设施改造
		截污纳管工程改造
		雨污分流改造
	消防设施	公共部位消防设施改造
		自动喷淋灭火系统改造
		智慧化消防系统改造
	公共部位照明设备	照明系统改造
		照明设备节能改造

续表A

项目分类	子分类	实施内容
小区内部设备设施改造	室外电气设备	室外电缆改造
		建筑物防雷改造
	—	加装电梯
		架空线入地工程
智慧社区设施改造	—	电子围栏
		小区监控系统
		门禁系统
		小区出入口道闸
		智能显示屏
		新能源汽车充电设施
		智能物流柜

本标准用词说明

1 为了便于在执行本标准条文时区别对待,对要求严格程度不同的用词说明如下:
 1) 表示很严格,非这样做不可的用词:
    正面用词采用"必须";
    反面用词采用"严禁"。
 2) 表示严格,正常情况下均应这样做的用词:
    正面用词采用"应";
    反面用词采用"不应"或"不得"。
 3) 表示允许稍有选择,在条件许可时首先应这样做的用词:
    正面用词采用"宜";
    反面用词采用"不宜"。
 4) 表示有选择,在一定条件下可以这样做的用词,采用"可"。

2 条文中指明按其他有关标准、规范执行时,写法为"应按……执行"或"应符合……要求(或规定)"。

引用标准名录

1 《砌体结构设计规范》GB 50003
2 《混凝土结构设计规范》GB 50010
3 《室外排水设计标准》GB 50014
4 《建筑给水排水设计标准》GB 50015
5 《建筑设计防火规范》GB 50016
6 《钢结构设计标准》GB 50017
7 《建筑照明设计标准》GB 50034
8 《低压配电设计规范》GB 50054
9 《建筑物防雷设计规范》GB 50057
10 《自动喷水灭火系统设计规范》GB 50084
11 《住宅设计规范》GB 50096
12 《民用闭路监视电视系统工程技术规范》GB 50198
13 《电力工程电缆设计标准》GB 50217
14 《建筑给水排水及采暖工程施工质量验收规范》GB 50242
15 《屋面工程技术规范》GB 50345
16 《安全防范工程技术标准》GB 50348
17 《民用建筑设计统一标准》GB 50352
18 《通信管道与通道工程设计标准》GB 50373
19 《城市绿地设计规范》GB 50420
20 《住宅信报箱工程技术规范》GB 50631
21 《无障碍设计规范》GB 50763
22 《消防应急照明和疏散指示系统技术标准》GB 51309
23 《民用建筑电气设计标准》GB 51348
24 《脉冲电子围栏及其安装和安全运行》GB/T 7946

25	《建筑材料及制品燃烧性能分级》	GB 8624
26	《建筑施工场界环境噪声排放标准》	GB 12523
27	《消防安全标志　第1部分:标志》	GB 13495.1
28	《电动汽车传导充电系统　第1部分:通用要求》	GB/T 18487.1
29	《楼寓对讲系统》	GB/T 31070
30	《污水排入城镇下水道水质标准》	GB/T 31962
31	《居民住宅小区电力配置规范》	GB/T 36040
32	《环境卫生设施设置标准》	CJJ 27
33	《城市道路工程设计规范》	CJJ 37
34	《城市生活垃圾分类及其评价标准》	CJJ/T 102
35	《透水水泥混凝土路面技术规程》	CJJ/T 135
36	《透水砖路面技术规程》	CJJ/T 188
37	《透水沥青路面技术规程》	CJJ/T 190
38	《民用建筑修缮工程查勘与设计标准》	JGJ 117
39	《种植屋面工程技术规程》	JGJ 155
40	《住宅建筑电气设计规范》	JGJ 242
41	《张力式电子围栏通用技术要求》	GA/T 1032
42	《人行出入口电控通道闸通用技术要求》	GA/T 1260
43	《智能快件箱设置规范》	YZ/T 0150
44	《住宅设计标准》	DGJ 08—20
45	《多层住宅平屋面改坡屋面工程技术规程》	DG/TJ 08—023
46	《低压用户配电装置规程》	DG/TJ 08—100
47	《优秀历史建筑保护修缮技术规程》	DG/TJ 08—108
48	《居住建筑节能设计标准》	DGJ 08—205
49	《房屋修缮工程技术规程》	DG/TJ 08—207
50	《住宅修缮工程施工质量验收规程》	DG/TJ 08—226
51	《既有建筑外立面整治设计标准》	DG/TJ 08—2146

52 《住宅二次供水设计标准》DG/TJ 08—2065
53 《户外发光二级管(LED)显示屏安装技术规程》DG/TJ 08—2076
54 《既有多层住宅加装电梯安全技术要求》DB31/T 1298
55 《既有多层住宅加装电梯技术标准》DG/TJ 08—2381

上海市工程建设规范

既有住宅小区宜居改造技术标准

DG/TJ 08—2374—2022
J 16527—2022

条文说明

2023　上海

目 次

1 总 则 ……………………………………………… 39
2 术 语 ……………………………………………… 40
3 基本规定 …………………………………………… 41
4 建筑改造 …………………………………………… 42
　4.1 一般规定 ……………………………………… 42
　4.2 屋 面 ………………………………………… 42
　4.3 外立面 ………………………………………… 43
　4.4 室内公共部位 ………………………………… 43
　4.5 单元楼门 ……………………………………… 44
5 小区环境改造 ……………………………………… 45
　5.1 一般规定 ……………………………………… 45
　5.2 小区围墙、出入口 …………………………… 47
　5.3 道 路 ………………………………………… 47
　5.4 停车位(机动车、非机动车)………………… 48
　5.5 景观绿化 ……………………………………… 48
　5.6 健身活动场地及设施 ………………………… 49
　5.8 垃圾房 ………………………………………… 50
6 小区内部设备设施改造 …………………………… 51
　6.1 一般规定 ……………………………………… 51
　6.2 给排水设施 …………………………………… 51
　6.3 消防设施 ……………………………………… 52
　6.4 公共部位照明设备 …………………………… 52
　6.6 加装电梯 ……………………………………… 53
　6.7 架空线入地工程 ……………………………… 54

7 智慧社区设施改造 …………………………………………… 55
　7.1 一般规定 ……………………………………………… 55
　7.2 电子围栏 ……………………………………………… 55
　7.3 小区监控系统 ………………………………………… 55
　7.4 门禁系统 ……………………………………………… 56
　7.5 小区出入口道闸 ……………………………………… 56
　7.6 智能显示屏 …………………………………………… 56
　7.7 新能源汽车充电设施 ………………………………… 56
　7.8 智能物流柜 …………………………………………… 57
8 施工与验收 …………………………………………………… 58
　8.1 工程施工 ……………………………………………… 58
　8.2 工程验收 ……………………………………………… 59

Contents

1 General provisions 39
2 Terms 40
3 Basic regulations 41
4 Livable renovation of building 42
    4.1 General regulations 42
    4.2 Roof 42
    4.3 Building facades 43
    4.4 Interior public area 43
    4.5 Entrance of apartment 44
5 Environment renovation of residential area 45
    5.1 General regulations 45
    5.2 Wall and entrance 47
    5.3 Roads 47
    5.4 Parking area (vehicle, non-vehicle) 48
    5.5 Landscape 48
    5.6 Outdoor fitness area and equipment 49
    5.8 Garbage chamber 50
6 Facilities and equipment renovation of the residential area 51
    6.1 General regulations 51
    6.2 Water supply and sewerage equipment 51
    6.3 Fire prevention facilities 52
    6.4 Lighting in public area 52
    6.6 Additional elevator 53

	6.7	Overhead lines undergroudization	54
7		Equipment renovation for smart community	55
	7.1	General regulations	55
	7.2	Electronic fence	55
	7.3	Monitoring system	55
	7.4	Access control systems	56
	7.5	Barrier gate of entrance	56
	7.6	Intelligent display screen	56
	7.7	Charging facilities of new energy vehicles	56
	7.8	Smart parcel locker	57
8		Construction and acceptance	58
	8.1	Construction	58
	8.2	Acceptance	59

1 总 则

1.0.1 为适应当前本市住宅小区改造的发展趋势,贯彻国家和本市技术经济政策,根据住宅小区宜居改造的特点,在总结住宅宜居改造关键技术的基础上,基于"以人为本""有机更新"的理念,制定本标准。

1.0.2 当住宅小区内存在文物建筑、优秀历史建筑及其他有特殊保护要求的建筑时,建筑的宜居改造工程除应符合本标准外,尚应符合国家及本市现行有关法律、法规和标准的规定。当住宅小区位于历史文化风貌区(包括风貌保护街坊)内时,宜居改造工程除应符合本标准外,还应按照保护规划确定的保护要求实施。

2 术 语

2.0.1 宜居改造范围涵盖整个住宅小区,包括建筑本体、小区环境中的出入口、道路、绿化、停车位、公共空间以及小区配套设施设备等,可对住宅以及小区环境、配套设施设备等提供一系列可选择的、多组合的系统性综合服务,以不断提高居民对居住环境安全性、舒适性、便利性等方面的满意水平。

2.0.2 适老化改造是根据老年人需求,对老年人频繁出现的环境进行的改造,以适应老年人生理和心理特征,方便老年人的日常生活和活动。

3 基本规定

3.0.1 既有住宅小区所面临的既有共性问题也有个性问题,在对小区进行整体改造时要深入了解情况,首先解决居民面临的"急、难、愁"等问题,并以此为基础逐步展开。同时,在改造中应充分发挥主体作用,加强业主在方案设计、建设管理、验收交管、后续维护管理工作中的参与度,有条件的住宅小区可引入社区规划师。

3.0.4 既有住宅小区的硬件条件相对较差,空间有限,因此,在对小区进行环境改造时要考虑实际操作的可能性,不能一味地追求高大上。

3.0.6 宜居改造工程中鼓励新技术、新材料、新工艺和新设备的推广应用,包括绿色节能、海绵城市、地下管廊等内容。当改造涉及有特殊保护要求的建筑时,还应在符合历史建筑保护原则的前提下应用。

3.0.10 为体现以人为本的改造原则,在宜居改造中应充分考虑老年人群体的使用需求,以及个体差异、身体机能、心理需求等各方面的特点,对小区建筑公共部位、道路、停车设施、景观绿化、公共活动空间和无障碍设施等进行适老化改造。改造应以满足老年人安全、便利、舒适、健康等需求为目的,并体现对老年人的尊重、包容以及对老年人自理能力和护理需求的适应性,整体提高老年人的居住生活质量。宜居改造工程中涉及的适老化改造可按《上海市既有住宅适老化改造技术导则》的相关要求执行。

4 建筑改造

4.1 一般规定

4.1.1 列入本市文物保护和优秀历史建筑名录的建筑及其他有特殊保护要求的建筑的宜居改造，应按照《上海市文物保护条例》《上海市历史风貌区和优秀历史建筑保护条例》和现行上海市工程建设规范《优秀历史建筑保护修缮技术规程》DG/TJ 08—108，以及现行相关的法律、法规及规定执行。

4.1.2 对既有住宅建筑的全面查勘应包含屋面渗漏、屋面材料老化、外立面渗漏、空鼓、起壳、墙砖脱落，以及公共部位及相关附属设施破损等方面。

4.2 屋 面

4.2.1 屋面改造应确保房屋结构安全，相关责任方应对屋面改造带来的房屋荷载改变情况进行认真核查，并进行结构验算，确保屋面改造结构安全方面的可行性。如遇到原有房屋结构图纸缺失或结构构件损伤等安全状况不确定的房屋，应委托具有资质的检测鉴定机构进行房屋检测。

4.2.3 大量既有住宅不能满足屋面保温节能要求，且防水层多有老化，屋面渗水问题普遍。因此，屋面宜重新铺设保温层，以达到节能要求。

4.2.6 屋顶花园及立体绿化能改善第五立面景观效果，补充住宅小区绿化空间，同时，有效减少屋面径流总量和径流污染负荷。因此，有条件设置绿色屋顶的建筑宜优先考虑屋顶花园及立体绿化。

4.2.7 鼓励采用绿色能源,同时,在改造过程中由于太阳能热水器储水罐及太阳能光伏板的自重较大且屋面的风荷载较地面大,应考虑屋面承重及安装连接方式的安全性。

4.3 外立面

4.3.4 架空线裸露于外墙会影响立面美观及小区环境,同时存在安全隐患,故可结合宜居改造进行线路综合统筹改造。
4.3.5 外立面附加设施改造范围包括:空调外机相关设施、遮阳篷、雨篷、晾衣架、户外广告设施、户外招牌及阳台花架等。其中,空调外机相关设施改造包括机位整治、增设外机遮罩以及管线整理布置,不满足安全要求的空调外机支架应更换或增设防护设施,设置外机遮罩时应考虑对设备热工性能的影响。另外,居民自行安装的雨篷、晾衣架等对城市界面影响较大,且有可能存在安全隐患,故可结合宜居改造进行综合整治。
4.3.6 原有门窗改为节能门窗,尤其是悬挑结构形式的不封闭阳台改为封闭阳台时,应充分考虑原结构的安全性。

4.4 室内公共部位

4.4.3 楼面、地面修缮的具体要求如下:
 1 木地板如有损坏、腐朽,应对其进行局部修缮或拆换,损坏程度严重的,应进行整体调换;木搁栅如有损坏严重的,应进行加固或拆换。
 2 原有水泥地坪面层如有损坏、起壳、开裂等现象,应进行局部修缮;如结构层开裂,应对结构层进行修缮,重做水泥面层。
 3 各类饰面砖地坪如有损坏、起壳、开裂等现象,应进行局部凿除重做;起壳面积大于50%的,应全部凿除重做。

4.4.5 室内公共部位无障碍设计应考虑日常通行、担架通行、紧急疏散及驻足休憩等需求。有条件的住宅小区,可对楼梯、走道安装双层扶手。地面铺装重新敷设的,可选用防滑地坪材料,踏步可增设防滑条。在满足消防通行的前提下,可在楼梯平台处安装折叠式休息座椅。

4.4.6 改造时,宜选择在节能可控性、色彩可调性等方面有突出优势的照明灯具。

4.4.7 公共部位无序凌乱的线缆,可重新敷设电缆管。电缆管应满足线路敷设条件所需的保护性能及安全要求。

4.5 单元楼门

4.5.3 随着老龄化趋势以及加装电梯工程的逐渐推广,无障碍坡道及扶手的设置对宜居环境至关重要。

5 小区环境改造

5.1 一般规定

5.1.1 小区环境改造应加强对居住区域整体性的研究,以管理水平和基础条件为重点,以"同类归并、居民自愿、社区推进"为原则,盘活零星、边角、闲置资源,统筹归并小区出入口,合理规划活动场地、交通设施和机非动线,提高居住区域环境整体水平。

5.1.3 透水铺装可加速雨水的下渗,补充地下水,并具有一定的地面径流峰值流量削减和雨水净化作用。因此,小区内部尽可能采用透水铺装,增加场地透水面积,消纳径流雨水。可根据不同功能需求选择适宜的形式,如人行道及车流量和荷载较小的道路可采用透水沥青混凝土铺装,停车场地可采用嵌草砖,绿地中的硬质铺装宜采用透水砖和透水混凝土铺装,绿地中的步行路可采用鹅卵石、碎石等透水铺装。

5.1.4 如需调整小区原有绿化,宜采用增加屋顶绿化、立体绿化,综合利用零星、边角、闲置空地等方式,补充绿化面积,保障绿地率指标。

5.1.5 小区标识系统包括总平面标识、楼栋墙面标识、机动车出入及禁停标识等,可根据不同位置布置,如主入口、主要交通节点等。标识系统宜统一风格样式及色调,以达到整体统一、协调美观的效果,并根据不同位置选用不同尺度的标志、标识。

5.1.6 随着老龄化加速,住宅小区老人居住比例提高,环境改造设计中应充分考虑老年人需求,打造养老宜居社区;同时,完善无障碍设施,探索住宅小区多元化宜居改造。改造的范围主要包括道路、停车位、景观绿化、公共活动场地、照明系统和标识系统等,

具体改造内容如下:

1 道路:小区道路应根据小区内老年人出行的实际需要重新进行优化梳理,保障小区内各个区域的可达性与可识性,道路之间应有明显的方向指引标识。车行道在出入口、交叉口和道路转弯处宜设置减速带、安全岛和明显的标识。道路地面应平坦,避免高差,有高差处应以缓坡过渡,保证无障碍通行。如必须设置台阶,应有明显的色彩变化和警示标识,要避免单级台阶。

2 停车位:小区机动车停车位应远离老年人的活动区域。有条件的小区,宜改造增设无障碍机动车停车位。停车位附近宜设置视频监控系统和呼叫系统,以便于老年人发生突发情况时可及时呼救。

3 景观绿化:绿化应根据季节交替选择适合的树种以实现四季景观,应避免采用可能会对老年人身体健康带来不利影响的植物品种。老年人活动空间附近宜选择具有果实、花朵、香气等良好辨识度的植物品种。

4 公共活动场地:小区内宜有专门供老年人活动的场地,场地宜位于冬季向阳避风、夏季遮荫处。供老年人活动的场地宜靠近小区原有养老服务设施,并可与小区公共绿地、儿童活动场地等结合设置。老年人活动场地宜根据活动内容进行动静分区,并设置健身器材、休息座椅、阅读栏等设施,满足老年人不同户外活动的需要。小区内主要供老年人活动的场地应配备相应的服务设施,如视频监控系统、呼叫救助系统等,以便在老年人发生紧急情况时能快速回应,并提供救助服务。老年人使用的活动场地周边应设置禁止车辆进入的装置。

5 照明系统:小区中除常规的路灯照明设施以外,还宜在道路的坡道、转弯、台阶处和公共活动场地设置照明设施。照明灯光宜选用柔和漫射的光源。老年人活动场所宜适当提高照度,照度标准宜高于平均照度标准的1.5倍~2倍。

6 标识系统:小区内宜设置清晰的警示和温馨提示标识,提高老年人室外的安全意识。

5.2 小区围墙、出入口

5.2.4 满足出入口的功能要求是改造的首要目标。人车分流可以保证行人安全,并提高大门通行效率。既有住宅小区的大门空间受条件限制,往往比较局促,因此,也可以通过设置软隔断、标识牌或涂刷警示色等来实现人车分流。

5.2.5 小区的大门作为视觉焦点,形象很重要,设计时应综合考虑道路宽度和空间尺度,同时注意与小区建筑风貌协调统一。

5.2.8 门卫室须新增或移位时,应征求相关管理部门的意见。

5.3 道 路

5.3.1 消防、救护和抢险等是小区居民的基本安全要求,因此,小区道路必须满足相关车辆的通行要求,道路线形应顺畅,转弯半径应方便车辆转弯和出入。既有住宅小区建造年代较早,小区道路在通行方面并不能完全满足现行规范要求,因此改造时应因地制宜,尽可能对其现有通行条件进行优化。

5.3.3 透水材料的选择应根据工程的实际情况而定,适合道路自下而上的整体翻新。车行主次干路、支路宜采用沥青路面,人行步道宜采用铺装路面。入口及节点空间宜更换防滑、透水材料。

5.3.4 既有住宅小区由于受条件限制,小区内交通瓶颈问题较突出,在条件允许时可以通过打通断头路的手段来疏导交通,并通过设定大门的单进单出、道路的单向行驶等方法改善小区内部交通堵塞状况。

5.3.5 步行系统要满足居民通行及休闲需求,并为老年人、残疾人提供便利。

5.3.7 道路照明系统改造应以保障交通安全、方便人民生活、满足治安需求为目的,并应采取措施防止对住宅主要房间造成光污染。

5.4 停车位(机动车、非机动车)

5.4.1 既有住宅小区的有限停车空间与不断增加的汽车数量之间存在矛盾,需要通过合理规划停车位数量和位置来保证小区内部交通的通畅。同时,注意新增停车位不得对他人居住环境造成不利影响。智能停车系统可为所有进出停车场(库)的车辆(包括地面和地下停放车辆)提供智能化管理服务,通过计算机系统集成,实现对公共停车的集中控制和资源共享,提高资源设施利用率。

5.4.2 小区内规划停车位不能采用见缝插针的方式,要依据规范要求布置。不合理的位置会对交通带来影响。

5.4.4 停车空间较为宽裕、车位配比较高的小区,其机动车停车位可以部分改造为无障碍专用停车位。无障碍专用停车位宽度不应小于3 700 mm,且要靠近建筑的主要出入口或停车场出入口,并有明显的标识。

5.4.5 非机动车棚的位置宜靠近单元出入口,尽量减少居民的步行距离。

5.5 景观绿化

5.5.2 既有住宅小区的绿化树木往往缺乏修剪管理,枝叶茂密,给小区建筑的通风采光带来不利影响,应通过改造消除这些不利因素。树木修剪应按《上海市居住区绿化调整实施办法》(沪绿容规〔2017〕4号)的规定执行。

5.5.3 可通过丰富植物配置形式来优化绿化结构,合理搭配乔木、灌木和草坪地被植物,增加绿化空间的层次感。植物配置应选用适于本地生长的植物种类,以易存活、耐旱力强、寿命较长的乡土植物为主,减少维护成本。同时,考虑到保障居民的安全健康,宜选择病虫害少、无针刺、无落果、无飞絮、无毒、无花粉污染、不易导致过敏的植物种类,不应选择对居民室外活动安全和健康产生不良影响的植物。

5.5.6 既有住宅小区的绿化空间往往功能单一,因此,要通过改造增加相应的使用功能,提高使用效率,消除空间上的死角。

5.5.7 增设的景观小品应综合考虑小区的空间形态、尺度以及建筑的风格、色彩,并选择适宜的材料。景观小品布局应综合考虑居住区内的公共空间和建筑布局,并考虑老年人和儿童等实际使用需求和安全使用要求,亭、廊、榭、花架等处可以作相应的无障碍改造,体现以人为本的宜居改造原则。

5.5.8 既有住宅小区可结合气候条件采用垂直绿化、退台绿化、底层架空绿化等多种立体绿化形式,增加绿量,同时宜加强地面绿化与立体绿化的有机结合,形成富有层次的绿化体系,进而更好地发挥生态效用,降低热岛强度。

5.5.9 小区绿地的改造应考虑场地雨水排放,宜采用具备调蓄雨水功能的绿化方式,对小区内雨水进行有序汇集、入渗,控制径流污染,减少雨水径流外排。

5.6 健身活动场地及设施

5.6.1 健身活动场地改造时,要统筹考虑各类使用人群的特点,保障儿童、青少年、老年人和残疾人的健身需求。

5.6.2 小区的健身场地应尽量均衡布置,特别是面积大的小区,居民的步行距离以不大于 200 m 为宜。健身活动场地可通过优化场地布局、增加绿化隔离带等措施避免健身锻炼对附近居民的影响。

5.6.5 健身步道宜靠近健身场地,有利于提高二者的使用效率。

5.8 垃圾房

5.8.1 在小区中扩建或增减垃圾房应事先征求规划、环卫等相关部门的意见。生活垃圾收集设施应按照《上海市生活垃圾管理条例》的要求设置"干垃圾""湿垃圾""可回收物"和"有害垃圾"四种分类收集容器。

5.8.2 小区内新增垃圾房的位置必须征求周边居民的意见,应相对隐蔽,同时满足清运车辆的通行要求。

5.8.6 小区的建筑垃圾体量较大,对环境的影响也较大,由于受到垃圾清运的条件限制,建筑垃圾在小区内堆放时应对其进行遮挡,以减少对居民生活的影响。

6 小区内部设备设施改造

6.1 一般规定

6.1.3 小区内部各类设备设施改造时，应考虑适应老年人使用的安全性、功能性、舒适性和友好性需要。主要包括以下内容：

  1 给排水设施的改造应考虑老年人对卫生器具形式与位置的变更需求，冷热水管暗敷、有标识并有保温措施，排水管道低噪声。

  2 消防管道有防冻措施，公共部位设置自动喷水灭火系统或简易自动喷水灭火系统。

  3 公共部位照明设备改造时，应考虑在小区室外必要的地方增加照明设施，提高照度，宜根据老年人行为特点分级控制照明时间和使用频率。

  4 加装电梯应充分体现适老化原则，宜满足无障碍通行需求。

6.2 给排水设施

6.2.2 在雨污分流改造的同时，可采取疏通或更换排水管道和排水明沟、暗沟，以及更换检查井等措施，提升小区整体防涝水平。对居民私自将厨房或卫生间的污水连接至雨水排水系统的做法，应查明私接，并改到排污系统。

6.2.4 二次供水设施改造不得造成水质污染，且不得影响城市管线的正常供水。

6.3 消防设施

6.3.2 消防设施的检查及维修项目包括下列内容：
 1 拆换、修复火灾自动报警探测器、手动报警按钮及玻璃、警铃外壳。
 2 检查补全消火栓及水龙带缺失内容，调换锈烂、渗漏、断裂构件。
 3 检查灭火器使用有效期，超出使用有效期的，全部调换。

6.3.3 消防设施改造应结合小区道路改造情况，考虑小区道路场地限制、消防通道与停车位矛盾等问题，如果消防通道改造受到限制，宜考虑加装消防空管装置，消防空管依托建筑外墙安装并固定消防设施（平时为空管），由消防水管、简易消火栓和应急水源输入点等组成，临警状态即通过一点或多点应急水源注水，通过水管输注到建筑的简易消防栓实施灭火救灾。

6.3.5 有条件的住宅小区还可建设室内（外）消火栓水压监测、居民区火患预警、消防占道堆物智能分析及报警等智能化消防系统。"空巢老人"、居家养老等特殊人群的住所还可安装独立式烟感探测报警器。

6.4 公共部位照明设备

6.4.2 从光源价格、运行维护费用等多方面综合考虑，对光源的选择要求进行设置，以达到节能减排的目的。照明功率密度（LPD）作为建筑照明节能评价指标，应符合国家现行标准中的相关规定。

6.4.3 老年人经常活动场所的照度参考值如表1所示。

表 1　老年人经常活动场所的照度参考值

序号	场所、部位	参考值(lx)
1	人行道	5~10
2	小区出入口、重要节点	10~20
3	入口内外及平台、入口门厅、公共走廊、公共楼梯	≥100

6.4.4 在住宅建筑能耗中,照明能耗占较大比例,因此,宜居改造过程中应注重照明节能。住宅建筑公共场所大多采用天然采光,例如大部分住宅楼梯间都有外窗。在天然采光区域中为照明系统配置定时或光电控制设备时,可以合理控制照明系统的开关,在保证使用的前提下实现节能。应根据实际情况制定不同的照明节能控制措施。分组控制是为了对同一场所中天然采光充足或不充足区域分别进行控制。

6.4.7 合杆工程针对既有住宅小区杆件林立问题,对照明灯杆、标志标牌杆、监控杆、公共服务设施指示标志牌杆、停车诱导指示牌杆等杆体实现有机整合,并对相关机箱、配套管线、电力和监控设施等进行集约化设置。同时,还可结合合杆工程,设置公共Wi-Fi,可推进 5G 工程,为智慧社区管理提供基础,实现共建共享、互联互通,切实改善既有住宅小区环境,强化社区精细化管理。

6.6　加装电梯

6.6.2 既有多层住宅加装电梯应具有可持续发展性,充分挖掘和利用现有居住小区的资源,以解决老年人上下楼困难问题,提升居住品质。对下部楼层已有电梯、上部楼层未有电梯的多高层住宅,有条件的应进行电梯改造升级。充分考虑现有房屋、电梯型号等技术条件,优先采用原有电梯井道并进行改造。

6.6.3 加装电梯平面选址、人流的入户方式可因地制宜,根据住宅的平面形式、周边环境等因素综合考虑确定。入户方式可选择平层入户和错半层入户，也可在现有住宅条件不能满足平层入户要求时，通过加建外部走道等特殊方式实现平层入户。

6.6.4 为了保持整个小区风貌的整体性，同一区域、同类住宅拟加装电梯在总体布局、单体布置、建筑风格上宜统一，并与住宅小区环境相协调。

6.6.5 电梯轿厢规格尺寸、按钮设置、开闭时间等宜充分考虑老年人使用需求，电梯运行速度应确保老年人站立安稳。

6.7 架空线入地工程

6.7.1 架空线入地工程应在满足供电能力要求、保障设备安全运行的前提下，经过充分论证后实施。

7 智慧社区设施改造

7.1 一般规定

7.1.2 智慧社区的建设需要注重小区设施的智能化提升,结合"互联网+"、智慧城市建设,提升住宅小区实时感知、智能管理的应用水平。

7.2 电子围栏

7.2.2 设置防止触电的醒目警示牌可使入侵者感到畏惧而离开,达到以阻挡为主的目的;同时使居民提高警惕,与电子围栏保持安全距离。

7.2.3 入侵者触碰脉冲式电子围栏时会有强烈的触电感,对于入侵者有很强的威慑力,阻挡能力强;入侵者触碰张力式电子围栏时无触电感,对于入侵者威慑力较弱,阻挡能力弱。本条旨在规避儿童或学生攀爬围墙时,因触碰脉冲式电子围栏,被电击后从围墙摔落导致的安全问题。高度超过 2 m 的实体围墙,对于儿童或学生来说高度较高,攀爬可能性较小,故建议选用脉冲式电子围栏;高度较低的实体围墙或通透栏杆围墙,儿童攀爬隐患较大,此时宜选用张力式电子围栏。

7.3 小区监控系统

7.3.2 监控系统具备断电续航功能可以保证小区断电时仍然能有效监控,续航时间不小于 1 d 主要考虑到简单的电力维修 1 d

时间已经足够,从而达到小区持续性监控的目的。

7.4 门禁系统

7.4.5 "一卡通"模式指小区出入口、单元出入口、非机动车库出入口及小区其他公用设施出入口共用一张智能门禁卡。

7.5 小区出入口道闸

7.5.2 小区出入口道闸的设置(尤其是人行道闸)与消防通道要求有冲突时,可考虑在出入口设置活动式道闸。

7.6 智能显示屏

7.6.1 智能显示屏旨在对小区居民发布信息及进行文化宣传,通过智能化系统显示当天时间、气候、重要通知、宣传等内容,便于小区居民获取相关信息。因此,智能显示屏应具备显示图文及播放视频的功能,并且应设置在小区主要出入口附近,方便居民获取相关信息。

7.7 新能源汽车充电设施

7.7.2 "一位一桩"指一个新能源汽车停车位设置一个充电桩,以便使用和管理。

7.7.4 充电桩采用落地式安装时,应安装在距地面 200 mm 及以上的基础底座上,且基础底座应采取封闭措施,防止小动物从底部进入箱体。防水要求(IP):安装在室外的充电桩防护等级不应低于IP54,安装在室内的充电桩防护等级不应低于IP32。

7.8 智能物流柜

7.8.1 既有住宅小区的智能物流柜建设应贯彻方便市民、节约用地和资源共享的原则,可结合实际情况,按照《上海市住宅小区和商务楼宇智能末端配送设施(智能快件箱)规划建设导则》的相关要求执行。

7.8.2 多点设置智能物流柜时,需合理规划每个智能物流柜的服务范围,既保证小区居民全覆盖,又使物流柜具备良好的可达性。

7.8.4 智能物流柜前端留有不小于1.2 m的投取空间,旨在满足适老性改造需求,使轮椅可以顺利通行。

8 施工与验收

8.1 工程施工

8.1.3 应充分考虑房屋结构、消防、施工工艺以及既有建筑特殊性等因素,应用最有效的手段保障周边居民和施工人员的人身和财产安全。同时,应对具体施工部位、施工内容、施工时间、安全隐患、安全防护措施和需要居民配合的事项提前发布告示。

8.1.4 实施单位和施工单位应结合工地现场的实际情况,针对施工现场的安全防护、危险区域的警示标志、便民措施、材料堆放和扰民现象等,制定文明施工的措施和应急预案。

2 施工现场应区分作业区、危险区和工程相邻影响区,施工现场的防护设施、安全标志和警示标志,不得擅自拆动。

4 合理安排作业时间,早 7 时至晚 6 时外不宜安排施工作业,如确需在此时间段外进行施工的,应事先向有关部门申请,并与街道、居委、物业等沟通,做好与居民的协调工作。

5 白天施工中应尽量减少噪声,特别要防止人为噪声的产生。进行强噪声、大震动作业时,应采取降噪减震措施。易产生噪声的作业设备,设置在施工现场中应远离居民区一侧的位置,并在设有隔音功能的临房、临棚内操作。

6 物品应按种类堆放,堆放应整齐有序、稳定牢固,堆放高度应符合规定。

8.1.5 工程参建各方在施工活动中应自觉维护城市环境,自觉履行市容保洁的责任与义务。施工组织设计中应有环保措施,以及控制施工扬尘、噪声等专项方案。

1 施工现场不可露天敞开堆放易扬尘建材;在施工现场堆

放、装卸、运输易扬尘建材或物料时,应采取有效防扬尘措施;在施工现场切割、加工易扬尘建材时,应采取有效防扬尘措施;不可在施工现场进行敞开式搅拌砂浆、混凝土作业和敞开式易扬尘加工作业。

  3 建筑垃圾不能在当日内清运的,应采取遮盖、洒水和纱网覆盖等防尘措施。

8.2 工程验收

8.2.1 根据《上海市住宅修缮工程管理试行办法》(沪府办发〔2011〕60号)第九条"在住宅修缮工程结束,以及施工单位完成验收自评,监理单位完成复验评定,物业公司和业主完成验收移交接管,实施单位组织施工单位、设计单位、监理单位、物业公司、业主、居委会、居民代表和相关管理部门等共同完成工程竣工综合验收后,实施单位向区县住房保障房屋管理局办理竣工验收备案"制定本条文。

8.2.6 鼓励采用数字化档案保存方式,并建立数据安全备份。